数学思维游戏

奇妙点线面

[日]稻叶直贵 著

杜雪 译

中信出版集团 | 北京

图书在版编目（CIP）数据

停不下来的数学思维游戏.奇妙点线面/(日)稻叶
直贵著；杜雪译.-- 北京：中信出版社，2022.3
ISBN 978-7-5217-3864-3

Ⅰ.①停… Ⅱ.①稻…②杜… Ⅲ.①数学—少儿读
物 Ⅳ.①O1-49

中国版本图书馆 CIP 数据核字 (2021) 第 270774 号

Japanese puzzles by Naoki Inaba © ADAMADA (Gdańskie Wydawnictwo Oświatowe),
Gdańsk (Poland) 2016 Japońskie łamigłówki cz. 3 z serii Plac tajemnic
Simplified Chinese translation copyright © 2022 by CITIC Press Corporation
All rights reserved.

停不下来的数学思维游戏·奇妙点线面

著　者：[日]稻叶直贵
译　者：杜雪
出版发行：中信出版集团股份有限公司
　　　　　（北京市朝阳区惠新东街甲4号富盛大厦2座　邮编　100029）
承 印 者：北京启航东方印刷有限公司

开　本：787mm×1092mm　1/16　　印　张：2.25　　字　数：30千字
版　次：2022年3月第1版　　　　　印　次：2022年3月第1次印刷
京权图字：01-2021-7087
书　号：ISBN 978-7-5217-3864-3
定　价：118.00元（全6册）

出　品：中信儿童书店
图书策划：橡果童书　　　　　策划编辑：常青 于淼　　　　责任编辑：李跃娜
营销编辑：张琛　　　　　　　装帧设计：李然　　　　　　　内文排版：李艳芝

游戏说明

请你画出气泡中提示的图形。
所画图形的全部顶点都要是网格图中已经给出的色点。

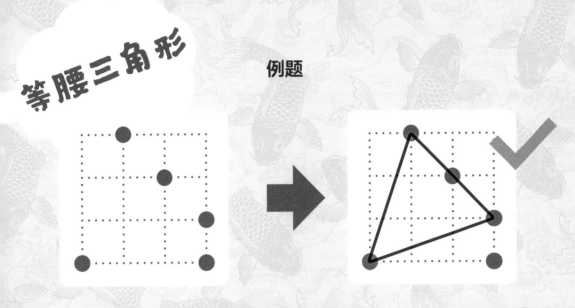

等腰三角形

例题

每个题目只有一个答案。

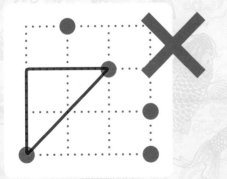

这是错误的，
因为这个三角形的一个顶点
不是给出的色点。

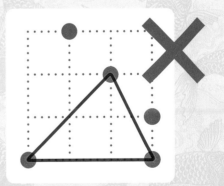

这也是错误的，
因为这个三角形不是等腰三角形。

等腰三角形

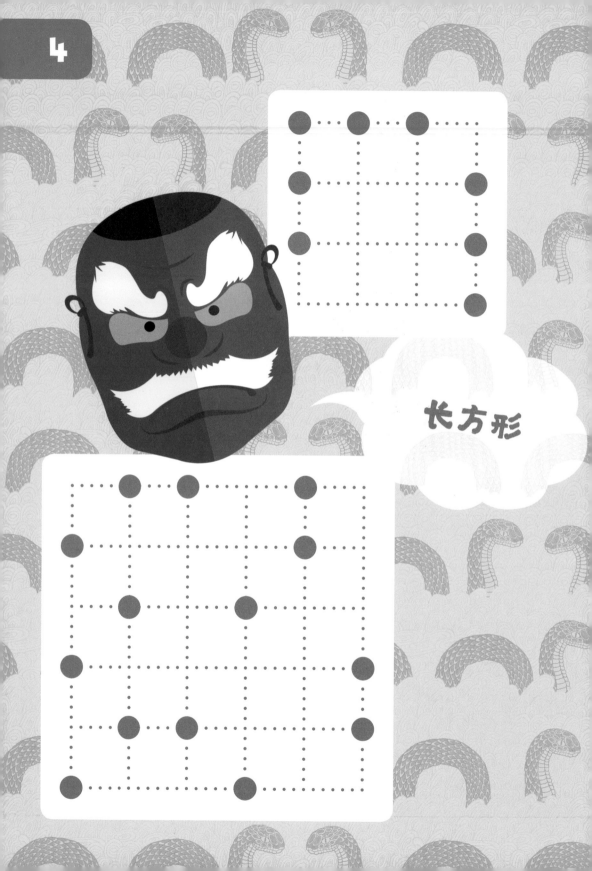

长方形

直角三角形

平行四边形

正方形

长方形

等腰三角形

直角三角形

平行四边形

正方形

等腰三角形

14

长方形

直角三角形

平行四边形

正方形

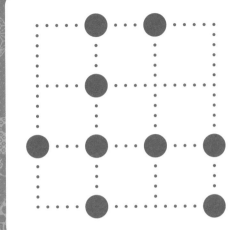

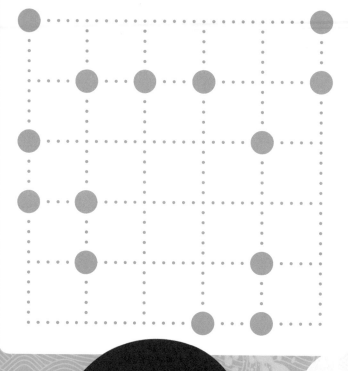

长方形

等腰三角形

直角三角形

平行四边形

正方形

长方形

直角三角形

平行四边形

等腰三角形

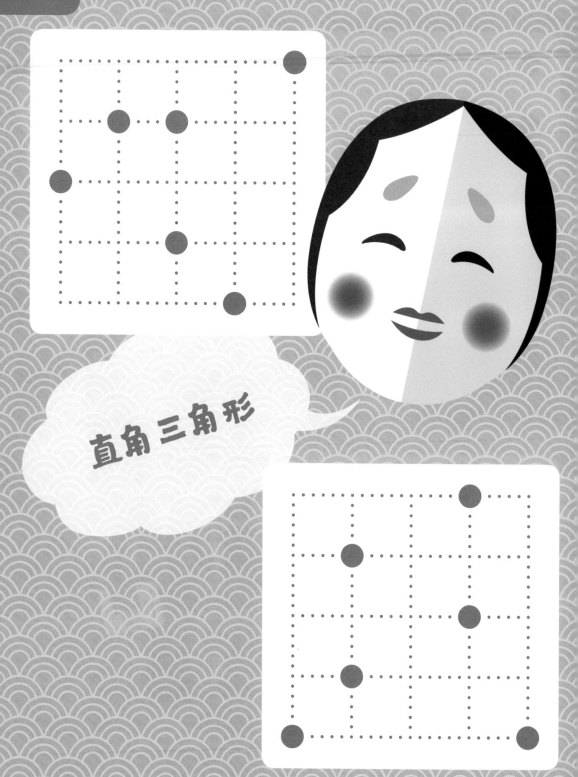

直角三角形

答案

第2页

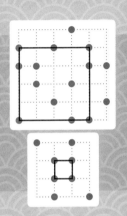

第3页

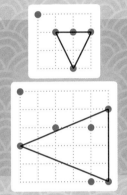

第4页

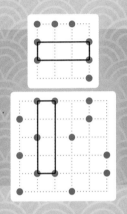

第5页

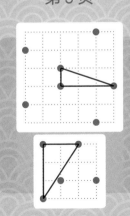

第6页

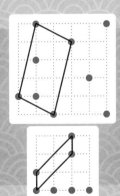

第7页　　　　第8页　　　　第9页

第10页　　　　第11页

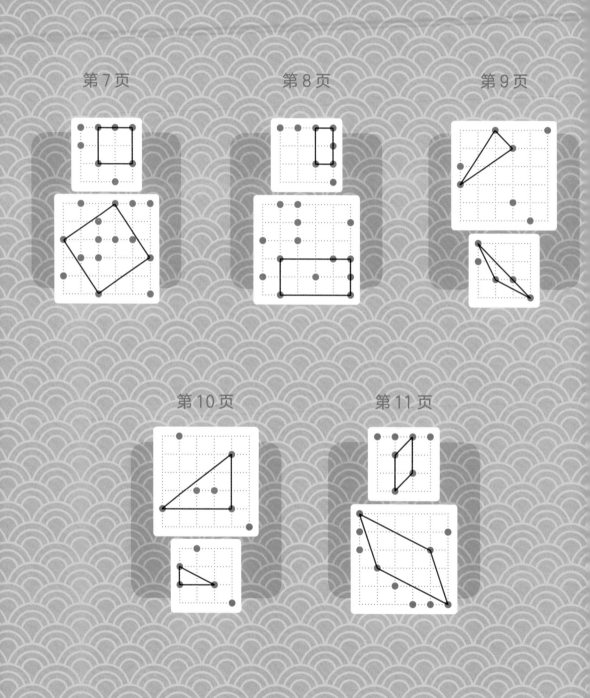

第12页　　　　　第13页　　　　　第14页

第15页　　　　　第16页

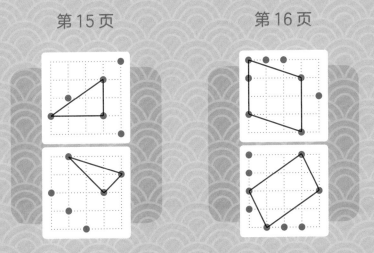

32

第17页

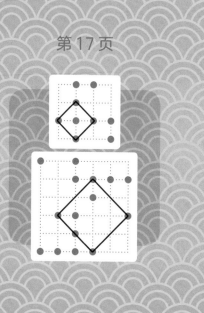

第18页

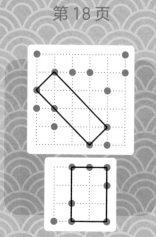

第19页

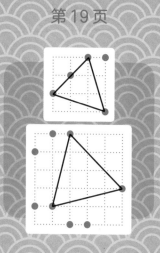

第20页

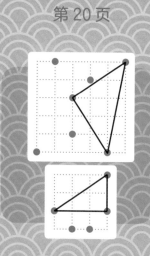

第21页

第22页

第23页

第24页

第 25 页

第 26 页

第 27 页

第 28 页